最新家装设计图典

第1季

《最新家装设计图典第1季》编写组/编

玄关走廊

机械工业出版社
CHINA MACHINE PRESS

《最新家装设计图典第1季》精选大量最新的设计案例，针对居室各空间提供了直观的设计图例。这些图例不仅能使你感受到现代设计师的空间美学与巧思，窥视室内设计的动向与潮流，而且更重要的是通过对一个个真实案例的参考与借鉴，助你在家装设计领域打造出更宜居与满意的幸福空间。

本系列图书包括《背景墙》《客厅》《餐厅》《玄关走廊》《卧室书房》五册，涵盖室内主要空间分区。每个分册结合空间类型穿插材料选购、设计技巧、施工注意事项等实用贴士。

图书在版编目（CIP）数据

玄关走廊 / 《最新家装设计图典第1季》编写组编.
— 北京 ：机械工业出版社，2013.8 （2014.7重印）
（最新家装设计图典. 第1季）
ISBN 978-7-111-43548-8

Ⅰ. ①玄… Ⅱ. ①最… Ⅲ. ①住宅－门厅－室内装修－建筑设计－图集 Ⅳ. ①TU767-64

中国版本图书馆CIP数据核字(2013)第177514号

机械工业出版社（北京市百万庄大街22号 邮政编码 100037）
策划编辑：宋晓磊 责任编辑：宋晓磊
责任印制：乔 宇
北京汇林印务有限公司印刷

2014年7月第1版第2次印刷
210mm×285mm · 6印张 · 150千字
标准书号：ISBN 978-7-111-43548-8
定价：29.80元

凡购本书，如有缺页、倒页、脱页，由本社发行部调换
电话服务 网络服务
社服务中心：（010）88361066 教材网：http://www.cmpedu.com
销售一部：（010）68326294 机工官网：http://www.cmpbook.com
销售二部：（010）88379649 机工官博：http://weibo.com/cmp1952
读者购书热线：（010）88379203 **封面无防伪标均为盗版**

目录
Contents

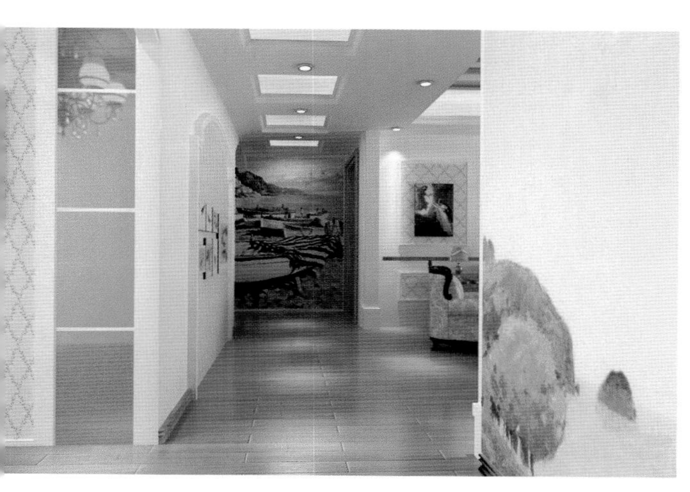

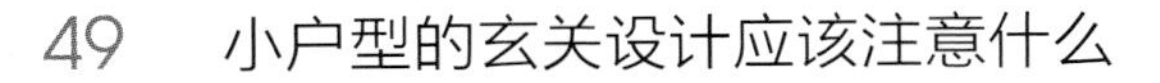

为什么要设置玄关

玄关可以保持居室的私密性。玄关可以避免客人一进门就对整个居室“尽收眼底”，通常在进门处用木质材料或玻璃作隔断，以便在视觉上遮挡一下。

玄关有“画龙点睛”的装饰作用。当客人从繁杂的外界进入居室的时候，进门第一眼看到的就是玄关，如果将玄关设计得非常巧妙，往往能提升客人对居室的良好印象。

玄关具有很强的实用功能。可以将鞋柜、衣帽架、大衣镜等设置在玄关处，方便客人脱外衣、换鞋、挂帽。而且鞋柜还可以隐蔽起来，而衣帽架和大衣镜的造型美观大方，不仅可以与玄关的整体风格相协调，还与整套住宅的装饰风格协调，能够起到“承前启后”的作用。

印花壁纸

仿古砖　陶瓷锦砖波打线

白枫木装饰线

黑白根大理石踢脚线

白枫木饰面板

仿古砖

陶瓷锦砖

米黄色抛光墙砖

银镜装饰线

米黄色玻化砖

密度板拓缝

条纹壁纸

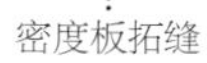

有色乳胶漆　釉面墙砖

印花壁纸

米色亚光玻化砖　陶瓷锦砖

中花白大理石

密度板雕花刷白

如何设计实用的玄关

总体来说，玄关的面积都不是很大，装修所需费用也不是很高。但玄关在整体装修中却占有很重要的地位，如果设计处理不当，非但无法营造出清新、舒适的玄关空间，还会影响到居室的整体装修效果。通常情况下，设计玄关应注意以下几点：

1.玄关的设计风格应与客厅、餐厅等公共空间的设计风格相一致。

2.保持合理的通行线，避免繁杂的设计影响玄关正常功能的使用。

3.玄关的设计应先注重其功能性，然后注重装饰性。

4.不需要玄关的地方，千万不要强行设置。

柚木饰面吊顶

泰柚木地板

印花壁纸

深咖啡色网纹大理石

印花壁纸

实木浮雕刷白贴银镜

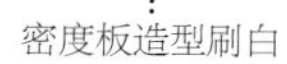

密度板造型刷白

胡桃木地板

黑白根大理石

仿古砖

白枫木格栅

有色乳胶漆

印花壁纸

茶色镜面玻璃

木纹大理石

中式手绘屏风

密度板雕花刷白

白枫木窗棂造型

有色乳胶漆

条纹壁纸

白枫木踢脚线

陶瓷锦砖

条纹壁纸

密度板拓缝

茶色镜面玻璃雕回纹

印花壁纸

黑胡桃木装饰立柱

印花壁纸

白桦木踢脚线

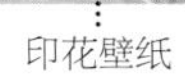

印花壁纸

白枫木饰面垭口

木纹大理石

密度板雕花刷白

印花壁纸

雕花银镜

有色乳胶漆

玄关的装修风格如何设计

玄关是进入房门后到室内的过渡空间，一般是一条狭长的独立通道，对玄关处进行装修，应充分考虑玄关的结构及室内整体的装修风格。一般说来，玄关宜采用简洁、大方的风格，这是因为玄关面积不大，不宜采用过多的装饰，否则就会显得拥挤。另外，玄关本来就包含在厅堂之中，装修风格就应该与厅堂统一，并作适当的增色。这样保证了室内整体风格的协调和统一。

磨砂玻璃

茶色烤漆玻璃

泰柚木地板

印花壁纸　胡桃木窗棂造型

米色玻化砖

条纹壁纸

密度板雕花刷白

米黄色洞石

胡桃木饰面板

咖啡色网纹大理石

印花壁纸

茶色镜面玻璃

桦木踢脚线

黑色烤漆玻璃

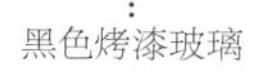

胡桃木饰面板

印花壁纸

雕花银镜

米色玻化砖

条纹壁纸

白枫木踢脚线

米色玻化砖

米色大理石

仿古砖

爵士白大理石

黑色烤漆玻璃

木纹大理石

磨砂玻璃

有色乳胶漆

装饰银镜

雕花清玻璃

玄关的照明如何设计

一般来说，暖色和冷色的灯光都可在玄关内使用。暖色制造温情氛围，冷色会显得更加清爽。在玄关内可应用的灯具类型很多，主要有荧光灯、吸顶灯、射灯、壁灯等。嵌壁型朝天灯与巢形壁灯能够使灯光上扬，增加玄关的层次感；在稍大的空白墙壁上安装独特的壁灯，既有装饰作用又可照明；很多小型地灯可以使光线向上方散射，在不刺眼的情况下可以增加整个门厅的亮度，还能避免低矮处形成死角。现在比较时兴吸顶荧光灯或造型别致的壁灯，以保证门厅内有较高的亮度，也能使环境空间显得高雅一些。

印花壁纸

车边银镜

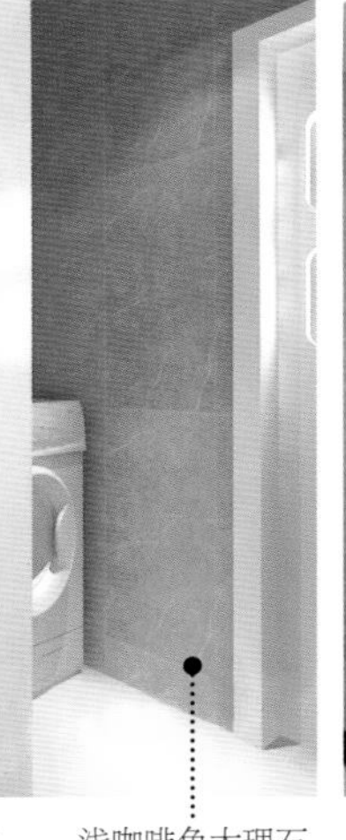

雕花清玻璃　浅咖啡色大理石

印花壁纸

艺术墙贴

有色乳胶漆

米色玻化砖

红樱桃木饰面板

榉木格栅吊顶

深咖啡色网纹大理石

仿古砖

红樱桃木装饰立柱

白色乳胶漆　　白色玻化砖

白枫木踢脚线

有色乳胶漆

车边银镜

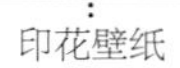

印花壁纸

白枫木饰面板

白色乳胶漆

泰柚木地板

装饰银镜

深咖啡色网纹大理石踢脚线

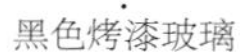

黑色烤漆玻璃

米色亚光玻化砖

茶镜吊顶

白枫木踢脚线

浅咖啡色网纹大理石

条纹壁纸

装饰银镜

肌理壁纸

玄关吊顶的装修应该注意什么

玄关的空间往往比较局促，容易产生压抑感，但通过局部的吊顶配合，也能改变玄关空间的比例和尺度。玄关的吊顶可以在巧妙构思下，成为极具表现力的室内一景。它可以是自由流畅的曲线；也可以是层次分明、凹凸变化的几何体；还可以是上面悬挂点点绿意的大胆露骨的木龙骨。需要把握的原则是：简洁、整体统一、有个性，还要将玄关的吊顶和客厅的吊顶结合起来考虑。

黑白根大理石

密度板拓缝

白枫木踢脚线

仿古砖拼花

米黄色网纹大理石

轻钢龙骨装饰横梁

米白色洞石

木纹玻化砖

陶瓷锦砖

白色乳胶漆

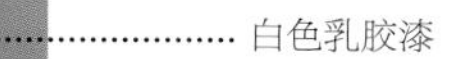

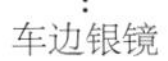

车边银镜

印花壁纸

水曲柳饰面踢脚线

米色玻化砖

泰柚木地板

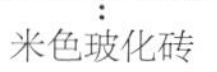

白枫木踢脚线

木纹玻化砖

印花壁纸

水曲柳饰面板　　密度板雕花刷白贴银镜

胡桃木窗棂造型

米色亚光玻化砖

白色亚光墙砖

雕花烤漆玻璃

冰裂纹玻璃

深咖啡色网纹大理石

陶瓷锦砖

红樱桃木踢脚线

密度板雕花刷白

印花壁纸

玄关的墙面装饰应该注意什么

玄关因为面积不大，进门便可见其墙面，与人的视觉距离比较近，一般都作为背景来打造。墙面的颜色要注意与玄关的颜色相协调，玄关的墙面间隔无论是木板、墙砖或石材，在颜色设计上一般都遵循上浅下深的原则。玄关的墙面颜色也要跟间隔相搭配，要在色调上相一致，并且也要与间隔的颜色一样有一定的过渡。对主题墙可进行特殊的装饰，如悬挂画作或绘制水彩，或做成摆件台，或用木纹装饰等。无论怎样装饰，都要符合简洁的原则，墙面也不宜采用凹凸不平的材料，而要保持光整平滑。

白枫木踢脚线

雕花清玻璃

磨砂玻璃

桦木踢脚线

米色玻化砖

印花壁纸

泰柚木踢脚线

浅咖啡色大理石

绯红色网纹玻化砖

白枫木踢脚线

黑色烤漆玻璃

印花壁纸

有色乳胶漆

米色玻化砖　　铁锈红大理石踢脚线

白枫木踢脚线

深茶色镜面玻璃

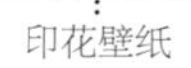

陶瓷锦砖　　印花壁纸　　密度板雕花刷白

白枫木饰面板

咖啡色网纹玻化砖

松木板吊顶

白枫木装饰线

米黄色亚光玻化砖

白枫木窗棂造型

胡桃木踢脚线

密度板雕花刷白

石膏板异形吊顶

有色乳胶漆

深棕色亚光墙砖

文化砖

实木地板

玄关墙面的装修有哪些技巧

如果玄关对面的墙面距离门很近，通常会被作为一个景观展示。很多墙面会被作为主墙面加以重点装饰，如用壁饰、彩色漆或者各种装饰手段强调空间的丰富感。

如果玄关两边的墙面距离门也较近，通常会被作为鞋柜、镜子等实用功能区域。

如果玄关处的墙面选择的是壁纸，可以为墙面添点小图样和更多的颜色，但要注意的是，这里的墙面被人触摸的次数会较多，壁纸最好具备耐磨或耐清洗性。

墙面面积较大，可以利用装修手段做一下分隔，然后上下采用不同的壁纸或漆上不同的色调，以增加趣味性。

墙面最好采用中性偏暖的色调，能给人一种柔和、舒适之感，让人很快忘掉外界环境的纷乱，体味到家的温馨。

此外还应注意的是，主体墙面重在点缀，切忌重复堆砌，色彩不宜过多。在较小空间的玄关，墙面可用大幅镜子反射，使小空间产生互为贯通的宽敞感。

米黄色网纹玻化砖

有色乳胶漆

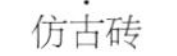

仿古砖　条纹壁纸

有色乳胶漆

白枫木装饰立柱

白枫木饰面垭口

有色乳胶漆

陶瓷锦砖

黑胡桃木饰面板

白色玻化砖

陶瓷锦砖

白枫木装饰立柱

胡桃木踢脚线

彩绘玻璃

白枫木饰面垭口

有色乳胶漆

磨砂玻璃

胡桃木窗棂造型

肌理壁纸

白枫木饰面垭口

印花壁纸

胡桃木踢脚线

米色网纹大理石

彩绘玻璃

印花壁纸

米色亚光玻化砖

深咖啡色网纹大理石踢脚线

白色亚光玻化砖

玄关地面的装修应该注意什么

人们回家和出门都会经过玄关，因此，玄关地面的材料要具备耐磨、易清洗的特点。地面的装修通常依整体装饰风格的具体情况而定，一般用于地面的铺设材料有玻璃、石材或地砖等，木地板也是很好的选择。如果想让玄关的区域与客厅有所分别的话，可以选择铺设与客厅颜色不同的地砖。还可以把玄关的地面升高，在与客厅的连接处做成一个小斜面，以突出玄关的特殊地位。如果觉得小斜面处的脚感不好，可以在上面铺地毯，但一定要粘牢，使其固定，也可在下面铺一层粗纹垫子，以防滑动。玄关门外处通常铺设一块结实的擦脚垫，以擦去鞋底的污垢。

艺术墙贴　有色乳胶漆

仿古砖　印花壁纸

木纹大理石

黑胡桃木装饰线　仿古墙砖

白色乳胶漆 装饰银镜

实木地板 白枫木踢脚线

中花白大理石

胡桃木饰面板 实木地板

米黄色亚光玻化砖

雕花灰镜

镜面陶瓷锦砖

米黄色玻化砖

彩绘玻璃

印花壁纸

密度板雕花刷白

印花壁纸

白枫木装饰线

印花壁纸

胡桃木窗棂造型隔断

印花壁纸

雕花清玻璃

米黄色玻化砖

车边银镜 红樱桃木饰面垭口

陶瓷锦砖 直纹斑马木饰面板

玄关家具的布置有什么技巧

玄关一般必须具备专用的储藏空间，以存放鞋、雨具等物品。玄关的家具包括鞋柜、衣帽柜、镜子、小坐凳等。门厅面积够大，还可选用大一点的壁桌；如果注重实用功能，可以在玄关处摆放一组立式衣帽架，提供储藏东西的空间，让玄关变得整洁。鞋柜一般用于存放鞋和伞，但要注意防污和清洁。

小坐凳是为了换鞋方便，如果家里人多或经常来客人，要注意多备几个长凳。衣帽柜以造型简单为宜，节约空间且能收纳很多东西。

小的装饰台桌非常适合放在门口对面的墙面处，桌面不宽，并且能倚墙而立。上面挂一面镜子或一幅精选的画作，再配上一对装饰用的壁灯，会产生很好的效果。

更为重要的是，玄关家具要与家庭的整体风格相匹配。

黑胡桃木饰面板

印花壁纸

条纹壁纸

车边银镜

米色玻化砖

密度板拓缝

米色玻化砖

雕花银镜

米黄色玻化砖

印花壁纸

米色网纹玻化砖

米色网纹玻化砖　　铁锈红大理石踢脚线

仿古砖　　白枫木踢脚线

胡桃木装饰横梁

米色亚光玻化砖　　红樱桃木地板

米色玻化砖　米色釉面墙砖

磨砂玻璃

条纹壁纸

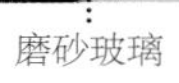

肌理壁纸　灰白色洞石

米色玻化砖

黑色烤漆玻璃

密度板树干造型贴银镜

白色乳胶漆

米色玻化砖

肌理壁纸

白枫木装饰线

白枫木踢脚线

玄关饰品的摆设有哪些技巧

布艺：可更换玄关条案上的一条桌旗，或在古旧风格的鞋柜、座椅上铺设一块具有异国情调的花布，亦或在墙面上悬挂一块民族色彩浓烈或抽象的布艺，都可以打造出令人耳目一新的风景。

镜子：墙面上悬挂一面造型新颖的镜子，既可扩大视觉空间，又方便在出门前整理着装。不过，镜子与矮柜在设计上应相互呼应，还可根据需要调整角度。

书：在条案、小台桌、柜子上放上几本心爱的书籍，一瓶淡雅的香水，让人一进门就能感受到满室馨香。

白枫木格栅贴银镜

白枫木饰面垭口

有色乳胶漆

艺术墙贴

红樱桃木格栅

雕花清玻璃

米色玻化砖

米色网纹玻化砖

胡桃木窗棂造型

米色大理石

米色玻化砖

胡桃木饰面板

印花壁纸　白枫木饰面垭口

钢化玻璃

装饰银镜

有色乳胶漆

印花壁纸　车边银镜

条纹壁纸

白枫木装饰立柱

陶瓷锦砖波打线

肌理壁纸

桦木地板

白枫木饰面板

米色玻化砖

深咖啡色网纹大理石

印花壁纸

车边银镜

深咖啡色网纹大理石踢脚线

米黄色亚光玻化砖

陶瓷锦砖

小户型的玄关设计应该注意什么

小户型的玄关设计更应侧重其在实用性方面的体现，要把实用性与装饰性巧妙地结合起来，以适应小户型对空间的需求。小户型的玄关多以虚实结合的手法来达到空间利用和空间审美的相互协调。为使玄关的设计充满活力，一般在装修风格上力求简洁，通常以通透性好的材料或灵活性强的饰品来点缀空间，还可以设计个性独特的吊顶来增加玄关的活力。可以采取以下两种装修建议：

1.低柜隔断式：即以低形矮柜作空间的限定。用低柜式家具作空间隔断，这样的形式不仅满足了空间功能的区分，而且还兼具了物品的收纳功能。

2.半柜半架式：柜架的上部多以通透的格架作装饰，下部则为封闭的柜体，可以作为鞋柜或储物柜。有的则设计成中部通透而左右对称的柜件，或用镜面、挑空等手段来造型。如果想突出玄关的展示功能，也可以选用博古架等造型丰富的柜子。

胡桃木窗棂造型

米黄色网纹大理石

雕花银镜

印花壁纸

白枫木踢脚线

白枫木格栅
胡桃木踢脚线

胡桃木饰面板
灰白色网纹玻化砖

仿古砖

黑色烤漆玻璃

白枫木踢脚线　银镜装饰线

密度板雕花刷白　肌理壁纸

桦木饰面板

白枫木搁板

黑色烤漆玻璃　雕花茶镜

大户型的玄关设计应该注意什么

大户型的玄关在设计上更强调审美的感受，因而应有独立的主题，但也要兼顾整体的装修风格。玻璃、纱幔、鱼缸等装饰是常见的用于空间分隔的手段，因其具有通透性，在空间划分上更能灵活控制视线。再加上重点照明、间接照明以及家具摆设的相互配合，便能营造出丰富的层次感和深遂的意境。以下是两种装修建议：

1.格栅围屏式：用典型的中式镂空雕花木屏风、锦绣屏风或带各种花格图案的镂空木格栅屏作隔断，或是现代感极强的设计屏风来作空间隔断。在介乎隔与不隔之间，通透性强的透雕屏风延伸了人们的视线。

2.玻璃通透式：随着玻璃工艺技术的发展，各种式样、纹理、质感的玻璃为家居装饰提供了更广阔的空间。利用大屏仿水纹玻璃、夹板贴面旁嵌饰艺术玻璃、面刻甲骨文、闪金粉磨砂玻璃或拼花玻璃等材料隔断，使空间富于变化，又不失艺术意味。

皮纹砖　　桦木饰面板

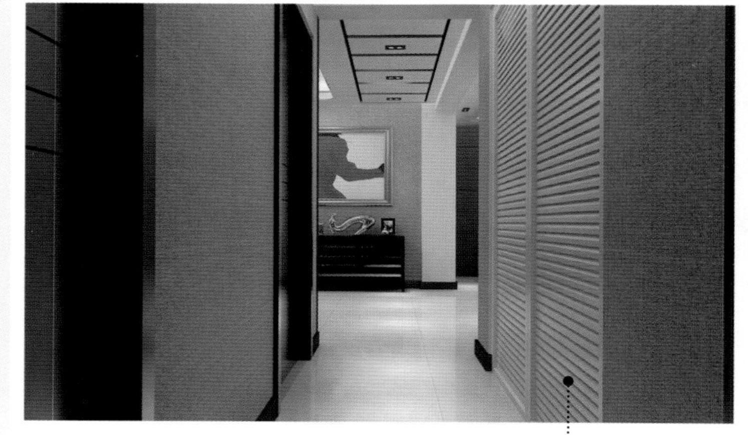

白枫木格栅

条纹壁纸　　雕花银镜

车边银镜

灰镜装饰线

密度板造型刷白贴茶镜　胡桃木踢脚线

咖啡色网纹大理石拼花

肌理壁纸　咖啡色网纹亚光玻化砖

雕花热熔玻璃 印花壁纸 白枫木踢脚线

印花壁纸

茶色镜面玻璃 彩绘玻璃

云纹大理石

磨砂玻璃

白枫木创意搁板

米色网纹玻化砖

胡桃木窗棂造型吊顶

米色网纹玻化砖

仿古砖

印花壁纸

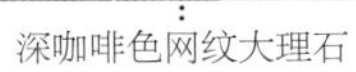
深咖啡色网纹大理石　印花壁纸

水曲柳饰面板

印花壁纸　咖啡色网纹大理石拼花

白枫木踢脚线

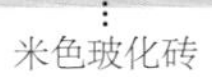
米色玻化砖

条纹壁纸

玄关的间隔设计为什么要上虚下实

在现代家居布置中，由于玄关的面积较小，为了保证通风和采光，一般会在玄关的上半部分设置间隔，采用镂空的木架或者磨砂玻璃。玄关的间隔设置一定要上虚下实，下半部要扎实稳重，或者直接是墙壁，或者做成矮柜，上半部则宜通透但不要漏风，此处采用磨砂玻璃最好。这种上虚下实的布局，有利于玄关发挥在住宅功能区上的作用，便于采光的同时，也能看到室内的一点景象，不至于进门之后整个室内布置"一览无余"，而且符合人居原则。

印花壁纸

深咖啡色网纹大理石波打线

车边银镜

红樱桃木饰面垭口

印花壁纸

白枫木踢脚线

黑色烤漆玻璃

皮革软包

雕花茶色镜面玻璃

白枫木窗棂造型

陶瓷锦砖

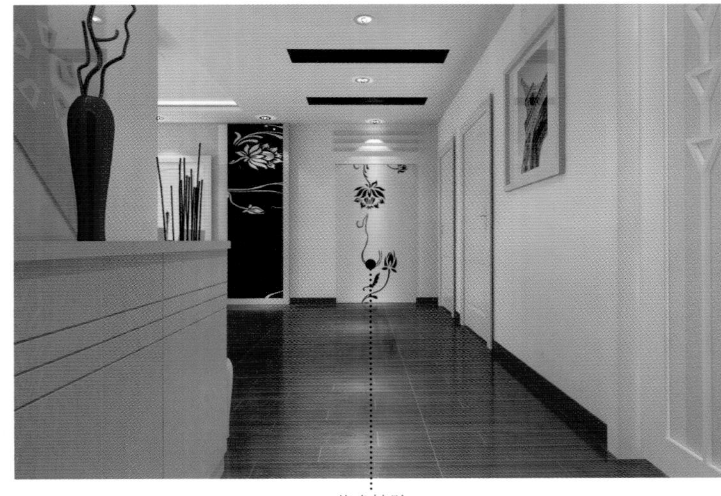

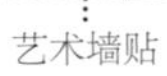

艺术墙贴

皮革软包

桦木搁板　　条纹壁纸　　桦木饰面板

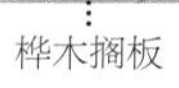

手绘墙饰　　木纹大理石　　车边银镜

米色玻化砖　　深咖啡色网纹大理石波打线　　印花壁纸

胡桃木踢脚线

黑镜装饰线

雕花黑色烤漆玻璃

仿木纹壁纸

印花壁纸

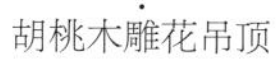

胡桃木雕花吊顶

深咖啡色网纹大理石拼花

玄关的间隔宜使用什么颜色

玄关的间隔是为了保证玄关的通风和采光而专门设置的，在装饰玄关间隔的时候，要考虑间隔的颜色。间隔宜采用较为明快的颜色，不宜采用毫无生机的深颜色。因此，构成玄关间隔的木板、砖墙或石板在颜色上都不宜太深。如果玄关的顶棚颜色较浅，而玄关的地板颜色较深，间隔的颜色从头到尾都是一片浅色的话，会使整体的装修效果显得比较突兀，因此可采用这样一种方式来设计玄关间隔的颜色，即靠近顶棚的上半部分，一般都为木架或磨砂玻璃，采用比较浅的颜色，而靠近地板的下半部分，一般为墙面或矮柜，可以采用比上半部分稍微深一点的颜色，这样上下部分过渡自然，衔接紧密，是比较好的设计形式。

黑色烤漆玻璃

印花壁纸

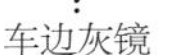

泰柚木饰面吊顶　车边灰镜

艺术墙贴

白枫木搁板

白枫木踢脚线

车边银镜 仿木纹大理石

仿古砖

雕花银镜 石膏板雕花吊顶

米色亚光墙砖

实木地板

白枫木踢脚线　　印花壁纸

灰白色网纹玻化砖

钢化玻璃

雕花银镜　　桦木窗棂造型吊顶

印花壁纸

黑胡桃木窗棂造型

肌理壁纸

银镜吊顶

白枫木窗棂造型

肌理壁纸　白枫木饰面板

白枫木装饰线

米黄色网纹大理石

条纹壁纸

胡桃木踢脚线

银镜装饰线

白桦木踢脚线

选购玄关地毯应该注意哪些方面

1.不要选择羊毛或纯棉质地的地毯，由于玄关地毯使用频率高，每次进出都要经过，因此要选择比较耐磨的材质，尼龙、腈纶等化纤材料的玄关地毯有较好的耐磨性，使用寿命更长。

2.玄关地毯的材质纤维不宜过长，过长的纤维会使灰尘污垢容易存留在纤维底部，不易清理。而且，如果纤维过长过密，地毯的防潮、防腐性能也会较差。

3.玄关地毯的背部应有防滑垫或胶质网布，因为这类地毯面积比较小，质量轻，如果没有防滑处理，从上面经过容易滑倒或绊倒。

4.玄关地毯花色的选择，可根据喜好随意搭配，但要注意的是，如果选择单色玄关地毯，颜色要尽量深一些，浅色的玄关地毯易污损。活泼鲜艳的暖色系玄关地毯，能体现主人的开朗、热情的性格；静谧稳重的冷色系，则会体现出主人儒雅、平和的性格。

雕花灰镜

灰色亚光墙砖 装饰银镜

灰色烤漆玻璃

泰柚木地板

黑色烤漆玻璃

条纹壁纸
胡桃木踢脚线

陶瓷锦砖
木纹大理石

手绘墙饰

车边银镜

白枫木踢脚线

印花壁纸

直纹斑马木饰面板

木纹大理石

陶瓷锦砖

密度板雕花刷白

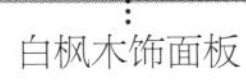

白枫木饰面板

艺术墙贴

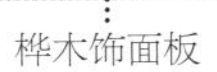

桦木饰面板

有色乳胶漆

印花壁纸

米色大理石

茶镜吊顶

米色网纹大理石

密度板雕花刷白

有色乳胶漆

走廊应该如何设计

走廊在一些面积比较大或者结构比较复杂的住宅内是很常见的。其作用就是设置一个通道以便通往住宅的各个房间。走廊的设置需要充分利用空间，不能太过铺张，走廊的宽度一般在1.3米左右，长度以够用为宜，不宜把走廊设置在住宅的正中间而把住宅截然分成两半，走廊的长度也不宜超过住宅长度的2/3。另外，需要注意的是，不能把走廊设置成回字形，以免浪费空间。

米色玻化砖

茶色镜面玻璃

白枫木窗棂造型

木纹亚光玻化砖

白色乳胶漆

条纹壁纸

车边银镜

白色玻化砖

印花壁纸

胡桃木窗棂造型

木纹大理石

雕花银镜

木纹玻化砖

装饰灰镜

胡桃木踢脚线　　白色乳胶漆

有色乳胶漆　　仿古砖

白枫木饰面板垭口

胡桃木窗棂造型吊顶

米色网纹玻化砖

印花壁纸

泰柚木地板

白枫木踢脚线

木造型贴黑镜

水曲柳饰面板

深茶色镜面玻璃吊顶

肌理壁纸

走廊的设计原则是什么

1.尽量避免狭长感和沉闷感。采用手法可以很多，例如，在走廊墙面上悬挂字画作为艺术走廊；亦可在墙壁上用毛石等稍作处理，制造仿古感觉；还可做壁龛、小景点等营造趣味中心等。

2.营造宽敞的空间。一个狭长单调的走廊给人的感觉是沉闷的，压抑的，不舒服的，因此走廊的设计一定要注意留有足够的空间，不能因为担心其占用面积或觉得浪费而人为缩小。

3.巧用墙饰。走廊装饰要遵从"占天不占地"的原则，因为走廊装饰的美观主要反映在墙饰上，设计一个精美的墙饰，经过柔和的灯光的照射，便可达到精美绝伦的效果。

密度板雕花刷白

灰白色条纹亚光墙砖

印花壁纸

泰柚木饰面板

白枫木踢脚线

茶色烤漆玻璃

白色玻化砖

木纹大理石

咖啡色网纹大理石波打线

条纹壁纸

胡桃木踢脚线

条纹壁纸

米黄色洞石

陶瓷锦砖

铁锈红大理石

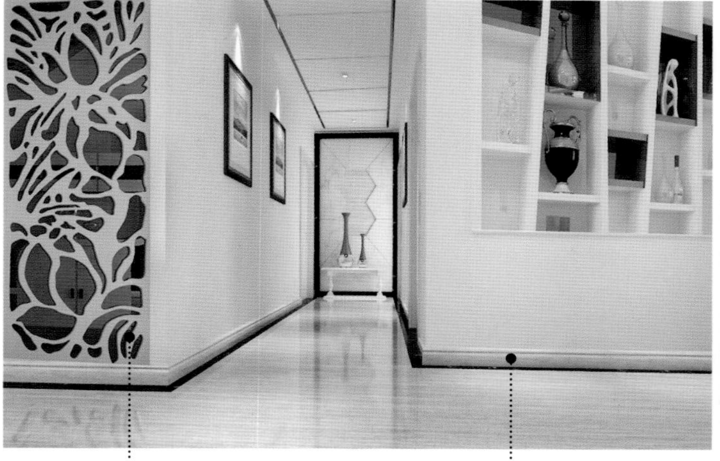

密度板雕花刷白贴灰镜

白枫木踢脚线

车边银镜

陶瓷锦砖

印花壁纸

印花壁纸

白枫木窗棂造型

车边银镜

密度板雕花刷白

柚木饰面板

装饰银镜
红樱桃木踢脚线

印花壁纸
白色乳胶漆

黑镜装饰线
印花壁纸
印花壁纸

如何设计走廊尺寸

居室入口处的走廊，常起门斗的作用，既是通行要道，又是更衣、换鞋和临时搁置物品的场所，是搬运大型家具的必经之路。在大型家具中，沙发、餐桌、钢琴等的尺度较大，在一般情况下，走廊净宽不宜小于1.2米。

通往卧室、客厅的走廊要考虑搬运写字台、大衣柜等的通过宽度，尤其在入口处有拐角时，门的两侧应有一定余地，故这种走廊净宽不应小于1米。通往厨房、卫生间、贮藏室的走廊净宽可适当减小，但也不应小于0.9米。各种在拐弯处的走廊应考虑搬运家具的路线，要方便搬运。

白色乳胶漆

桦木饰面板

印花壁纸

黑胡桃木踢脚线

泰柚木地板

艺术墙贴

白枫木窗棂造型隔断

有色乳胶漆

车边银镜

手绘墙饰

黑色烤漆玻璃

胡桃木格栅吊顶

陶瓷锦砖

白色玻化砖　镜面陶瓷锦砖

胡桃木饰面板

米色亚光玻化砖

白色玻化砖

仿古砖

密度板雕花刷白

红樱桃木装饰立柱

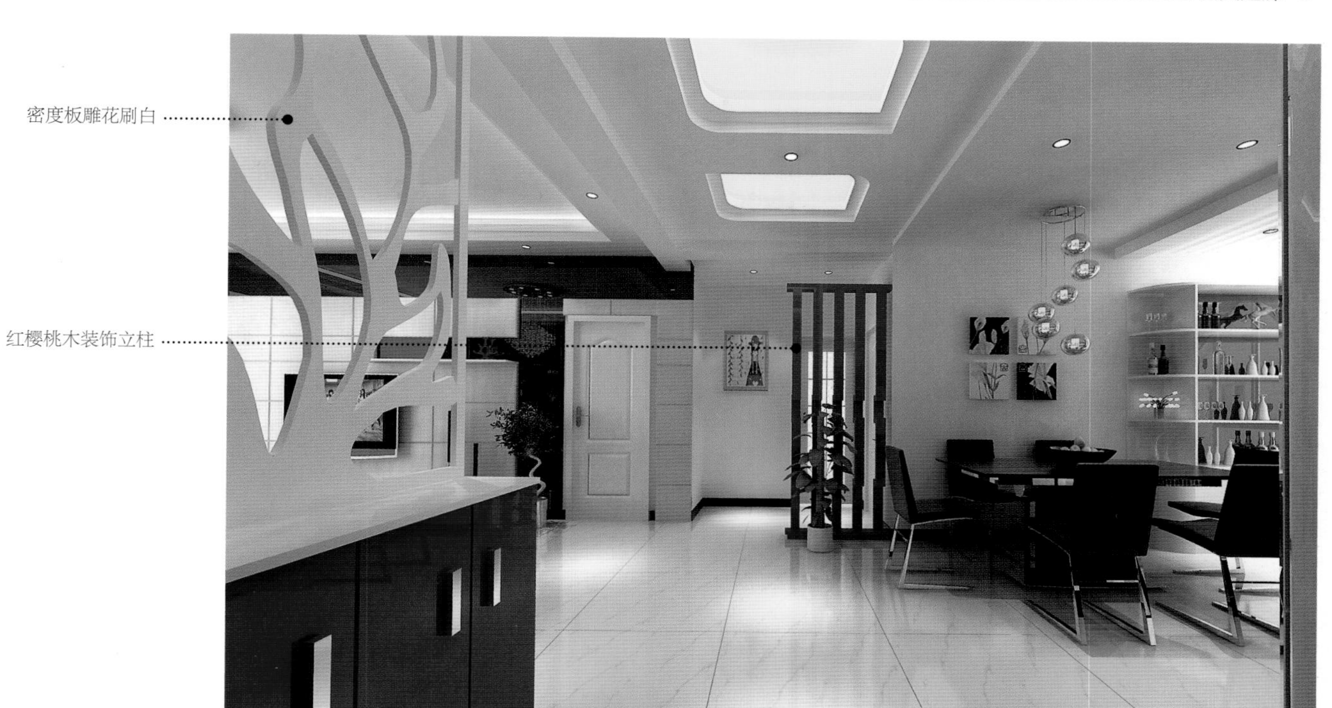

肌理壁纸

爵士白大理石

米色玻化砖

雕花茶镜

米色玻化砖　　米黄色网纹大理石

有色乳胶漆

米色玻化砖　　白桦木饰面板

走廊应该如何布置绿色植物

居室的大门入口，是开门后给人第一印象的重要场所，也是平时家人出入的必经之地，不宜把插花、盆栽、盆花、观叶植物等并陈，既阻塞通路，也容易碰伤植物。若是门厅比较阔大，可在此配置一些观叶植物，叶部要向高处发展，使之不阻碍视线和出入。摆放小巧玲珑的植物，会给人以一种明朗的感觉，如果利用壁面和门背后的柜面，放置数盆观叶植物，或利用顶棚悬吊抽叶藤(黄金葛)、吊兰、羊齿类植物、鸭跖草等，也是较好的构思。还可根据壁面的颜色选择不同的植物。假如壁面为白、黄等浅色，则应选择带颜色的植物；如果壁面为深色，则宜选择颜色浅淡的植物。

印花壁纸

米黄色玻化砖

装饰银镜

仿木纹壁纸

米黄色玻化砖

车边银镜　印花壁纸

水曲柳饰面板

米色网纹玻化砖

咖啡色网纹大理石垭口

桦木格栅吊顶

仿古砖

白枫木搁板

红砖饰面

印花壁纸

白枫木踢脚线

钢化玻璃

胡桃木装饰线

车边银镜

红樱桃木饰面板

选购走廊地毯时应该注意什么

1.走廊地毯要兼顾前后两个空间的风格特点，如果两个空间风格统一，可以选择与这个风格统一的图案色彩；如果两个空间不是同一种风格，选择走廊地毯则要有所偏重，可选其一，切忌选择第三种风格进行搭配，否则会产生混乱的视觉效果。

2.走廊地毯的形状要与走廊形状相吻合，作为空间软装饰，可以按走廊形状等比例进行缩小，这样才能达到视觉上的平衡协调。

3.选择走廊地毯的颜色时需要注意，如果走廊光线昏暗，宜选择色彩明亮的走廊地毯，若阳光充足，可选择颜色稳重的走廊地毯。

条纹壁纸

雕花茶镜

红樱桃木窗棂造型

米色抛光墙砖

钢化玻璃砖　红樱桃木饰面板

红樱桃木地板

胡桃木装饰立柱
泰柚木地板
装饰茶镜
米色网纹玻化砖

有色乳胶漆

印花壁纸

印花壁纸　泰柚木地板

木纹玻化砖

红樱桃木装饰立柱　条纹壁纸

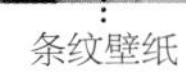